U0173521

解构时尚

Deconstruct Fashion

Jewelry Collocation System

潘妮——著

首饰搭配法则

上海三联书店

联 系 作 者

小红书：潘妮PENNY

小红书号：263184025

潘　妮

毕业于伦敦艺术大学时尚专业，
英国伦敦注册企业培训师，
时尚、品牌、珠宝课程主讲人，
院企外聘讲师、搭配师，时尚博主。

序

PREFACE

知名设计师Francesca曾说过这样一句话:“珠宝是为身体而生的艺术。从一开始珠宝便贯穿不同年代，跨越不同文化。我们用珠宝装扮自己，用它来完善我们的风格。它是表达你个性的一种方式，有时甚至可以代表你的社会属性，以一种有形的、美丽的形式来代表你。”

让我们追溯人类漫漫长河，早在那个没有时装概念的远古时代，首饰已经早早兴起了。它不仅代表了一种重要的文化符号，更是代表了人类自我装饰欲望的极大满足。而我们对于这种美的需求，自始至终，亘古未变。

正是因为出于对美的永恒追求，人们总是更新对于不同时代审美的定义，交替风潮的流行，从而人们发明了一个词语去总结这种行为——时尚。多数人对时尚的认识更多停留在服装的层面，但确确实实地，时尚一词流淌在生活的方方面面，一辆时髦的车、一杯好品味的酒，甚至是你的一个率性举动，都可以列为时尚的范畴。

当人们提及首饰一词，我想大部分人的脑海中会联想起昂贵的珠宝，以及奢华的设计。在我们真实的世界中，似乎昂贵的珠宝首饰总是拥有更多的空间，更多的话题。这就是为何我要在此说明时尚一词的原因：并非所有的璀璨都属于昂贵的宝石首饰，时尚首饰已经在我们生活中频繁地出现，成为我们制造时尚过程中非常重要的一环。我们不用再把珠宝和首饰划上等号，也不要再认为精致需要过高的成本。首饰本身都是为美而服务，无论何种材料，他们的目的地都是一致的。

但很遗憾，在首饰搭配上，鲜少有人涉足。大部分人更重视宝石本身的价值，而非在首饰的设计，或是搭配的乐趣上。如今，服饰搭配的系统知识已经非常饱满了，而这个细分的领域：首饰搭配也慢慢地显示出了它的重要性和领域性。

而我们要在此讨论的，正是如何让你学会佩戴首饰，并且使你风格永不过时这回事。在此我们涉猎一切首饰，可不再仅仅只限于昂贵的宝石首

饰了。在本书中，你会先学会认识你自己，什么样的造型首饰会与你更相衬；接着你会学会认识这些首饰，而这些首饰又会组成一组组令人惊叹的风格。渐渐你会发现，掌握这些排列组合之后，你将置身于一个宽广的宇宙。而在本书中，提供了你学习这些方法的途径。

由于市面上鲜少有人涉足于此，在我研究和撰写的过程中也并非一帆风顺。但我尽我最大可能结合我的工作及专业，尝试和你分享、开创并且整理出这个系统的体系。

时尚首饰搭配着实是一个还未被开发的领域，我很高兴在涉猎这个领域时，你可以成为第一个和我一起摸索的人。

目 录
CONTENTS

前言

为何你要佩戴首饰？ / 12

什么是时尚首饰？ / 16

形象设计

视觉传达的秘密 / 22

开始学习形象诊断 / 26

认识首饰

项链 / 30

手环 / 43

戒指 / 51

胸针 / 61

耳环 / 71

其他首饰 / 77

时尚风格

八种风格造型 / 88

宝石详解 / 96

金属颜色与肤色 / 107

手寸建议 / 110

宝石首饰保养建议 / 111

附录 / 112

美，
是人类
通向更好的
路径之一。

前　言
INTRODUCTION

为何你要佩戴首饰

在人类社会发展的过程中，珠宝自古以来都占有极其重要的地位，它是一种重要的文化符号与证明。不过，归根究底，珠宝始终是为了极尽可能地满足人类自我装饰的欲望，这一特质从未改变。

当然，在远古时期，首饰有更实际的作用。从猎捕的角度上来说，当时的猎人常常把狩猎得到的兽皮、兽角挂在自己的身体上。一方面，这么做可以把自己扮成猎物的同类以此迷惑对方；另一方面，这些兽皮或犄角本身就是一种防御或攻击的武器。后来，猎人们开始佩戴动物的骨骼和牙齿制成的吊坠，他们相信这些吊坠可以作为护身符保佑他们狩猎成功，有时这些骨骼、牙齿或是小石子做成的吊坠还会满足计数或记事的需要。

久而久之，首饰从实际的实用价值，衍生出了更多人文意义。当时的人们认为，一个人如果佩戴越多首饰，就代表他所征服与捕获的猛兽就越多，他也就越有可能获得这些制作首饰的资源。比如说美丽的羽毛，猛兽的牙齿，甚至是难得一见的贵重“美石”，这些猎人会以此作为象征，来炫耀自己的力量以及权威。在不断的地域交融冲突之下，首饰也根据不同的背景产生了多元的文化。比如，到了中世纪时，当时的欧洲贵族为了维护等级制，王室颁布禁奢令来抑制资产阶级地位的上升，从珠宝首饰到服饰的佩戴都有明确成文的规定，由此，珠宝首饰渐渐在社会文化中成为了地位和财富的象征。

佩戴首饰在现代社会已经很难找到“实际”的用途了，那么，对于现在的我们来说，普通人佩戴首饰的意义是什么呢?

如果要用一个词语为佩戴首饰给人带来的视觉感受做归纳，那想必就是精致。无论是佩戴经典的珠宝首饰，还是潮流的时尚首饰，这种精致都能够让人感受到你对美的用心经营。这种经营久而久之会变成你的标签，成为人们对你的印象。

精致也好，美也好，终究都是很空泛的词汇。首饰到底对美具象化的提升是什么呢？我想，答案就是这种“印象”。西方社会有这样一个理论：第一印象取决于“55387”定律，指的是一个人带给别人第一印象的要素比例，学者认为，55% 是来源于我们的外表、穿着；38% 是来自于肢体动作、语音语调；而仅仅 7% 是取决于双方会面时谈话的内容。

我们可以将这种印象理解成我们的个人名片，我们不需要向陌生人从头开始讲述我们的故事，我们是谁，经历了什么，在无言之中，外在形象便能透漏一切。正如普拉达（Miuccia Prada）说的那样：“你的穿着代表着你如何向世界展示你自己，尤其是现在，人们总是在进行快速交流，而时尚就是最便捷迅速的语言。”我们可以说，形象即身份。

除此之外，正如之前所提及的那样，装饰的本质是人类对美的需求。如今大众渴望时尚、渴望优雅，也正是因为对美的趋之若鹜。虽然不是所有人都会为追求美而付诸实际行动，但无法否认的是，人类天生带有感性的审美能力，也就是说，我们的外在社会形象始终不断地在评判别人、同时也在被别人评判，这是人类无法躲避的天性。

这也导致了在现代社会中形象变得尤为重要，说到底，如今铺天盖地的新媒体，商业品牌，甚至是个人的社交网络，都依赖于这种形象，换个词说，就是品牌建立。正是因为留有某种印象，而印象逐渐形成形象，当人们需要定位到他们所需要，而你又匹配的关键词时，他们第一个就会想起你，而当他们想起你时，实际上想起的是你通过形象建立传递给他们的种种信息。建立起醒目的形象在商业行为里是极其重要的，它会给个人或是企业带来更多的机会，给我们的人生拓宽视野。斯图亚特·伊文曾说过这样一句话：形象可以吞噬一切。形象已经不再是个体单一的事，它早已经在整个社会领域中蔓延开来。

但你也要知道，建立形象并不仅仅是只带着功利性目的的，我们在此更鼓励的是追求那些去功利性的本质的美。我们在此所指的形象，并不仅仅意味着浓妆艳抹，光彩照人，更是我们呈现出来的气宇与神态。追求精致的过程本身就是一件非常有意义的事情，久而久之，品位、情操会渐渐因为对美和精致的追求而逐渐提升，最后你会发现：人的内心所真正追求的已不再是具体的某个美的事物，而是追求感受到美和自由的愉悦状态，这就是我们常说的，做更好的自己。

那么，服装和首饰在装饰作用上的不同之处在哪儿呢？

比起服装，首饰能够更好地画龙点睛，成为深化形象的“工具”。自古以来，珠宝首饰常常被用于象征地位和财富就是很好的佐证，当人们看到对方佩戴珠宝首饰时，就会留下珠宝首饰本身所衍生出的这种“非富即贵”的形象。

当然，在时尚首饰中，要留有这种“非富即贵”的印象可能并不那么匹配，对于时尚首饰来说，精致的具象化体现，便在帮助加深你想表达的具体形象上。与珠宝首饰不同，时尚首饰搭配的趣味性显然更多了，你可以多元化地选择你想表达的形象。比如，如果你今天想去艺术馆，想让首饰帮助自己提升艺术气质，那么几何耳环或大图案项链绝不会出错。如果你今天想传达复古的装扮主题，那么那些具有造型感的大金属耳环，或是经典的珍珠项链，可以恰如其分地提升你想表达的形象。

试想一套华丽的服装，如果少了首饰的帮衬，总会觉得缺少些什么，导致整体的造型好像就没有那么完整了。这就是首饰举足轻重的原因，正是因为首饰的存在，我们的整体造型才得以更好地确立，主题也会显得更加明朗。

这是我们了解首饰佩戴的第一步，即首饰在哪里能帮助你，影响你或是影响他人。但归根究底，装扮是人类对美天性地追求，无论于内于外，这种对美的追求，都是我们通向更好的路径之一。

什么是时尚首饰

市面上已经存在很多首饰分类的标准，比如，按材料、按风格、按设计目的等，但就搭配而言，这些分类似乎并无太大助益。在此，我们只简单地将其分成两类：时尚首饰和珠宝首饰。

为何如此区分呢？是因为人们在听到首饰这个词时，总会先联想起那些昂贵华丽的宝石首饰。但实际上，大部分人在日常生活中，由于资金、场合的限制，并不会时常选择佩戴这类珠宝首饰。除此之外，由于它的价值高昂，因此设计和款式有时也会受到局限，对搭配而言，选择面难免会有些局限。

时尚首饰就可以很好地解决这个问题，可以说，时尚首饰正是因为搭配而存在的，由于它们不限材料、价格适中，在设计上也会百花齐放，更加丰富，我们不再限制围绕着宝石或金属做设计，而是有更多材料去选择，比如塑料、羽毛、辫绳等，并且这些材料不会花费我们很多资金。这些首饰更适合给我们作为搭配储备，在搭配中更多元地表达我们的外在形象。

因此，在此我们区别珠宝首饰和时尚首饰的标准便是材料与价值，材料是否珍贵，价值是否高昂，会是我们判断如何使用它的一个重要考量。但这并不是绝对的概念，换句话说，我们并非一定要时时这么区分，只需要有一个大体上的概念便足够。举例来说，有许多非珍贵材料的首饰价格也非常昂贵，它有可能含有品牌因素在其中。这个时候，在整体形象搭配时，我们可能还需要考虑其品牌价值，因为这可能会和你想要传递的信息有关。

归根究底，这样的分类并不是二分法，并无绝对。建立这样的概念只是为了帮助大家在生活中更好地整理出各种首饰的用途，从而在搭配的选择上尽量减少不必要的阻力。事实上，你佩戴一串珍珠项链或是一串仿珍珠材料的项链在搭配上并无太大差异，这完全取决于你自身的选择和预算。

所以，如何去精确分类并不是本书的重点。重要的是，我们得知道，我们可以去挖掘更多漂亮精致的小物件来扩充我们的首饰盒了，不要只是单一地认准传统的宝石首饰，如果你想要好好研究一番首饰搭配的话，这点是非常必要的。

首饰分类

除了时尚首饰与珠宝首饰的概念以外，我们时常可以见到很多首饰分类的专有词汇，在此，我也整理了一份常用的首饰分类清单供大家参考。

设计师珠宝（Designer Jewelry）

有设计师风格的系列作品，通常是有主题的。

订婚珠宝（Engagement Jewelry）

专用于订婚的钻戒等珠宝品类。

收藏品珠宝（Jewelry Collections）

昂贵而具有华丽设计的收藏级别珠宝作品。

高级定制珠宝（High Jewelry）

通常使用贵金属，名贵的宝石作为材料，由精湛的工匠大师完成一件艺术性的珠宝设计作品。

高级时装首饰（Haute Couture Jewelry）

通常与高级服装搭配起来相得益彰，首饰不限于材料。

服饰珠宝（Costume Jewelry）

通常使用非昂贵材料，或是人造珠宝，用来搭配服装。但也有昂贵的古董首饰也可以算作此行列。

“形象”
实质是
一种语言
系统，
它是各个元素
连接后的视觉
信息最终呈现。

形象设计

IMAGE DESIGN

视觉传达的秘密

形象设计的概念

在首饰搭配中，我们也会用到形象设计的原理。

形象设计是指运用最优设计手段，通过对观者的视觉冲击，形成视觉优选，从而使人感受到美感，并引起心里判断的一种视觉传达设计。

视觉传达设计是一个专业概念，它最早是由美国麻省理工大学的琪·克宾斯教授在《视觉语言》一书中提出的，书中指出："视觉传达即信息的传达，消息符号编排程序的差错就产生了产品不同的个性和面貌。"

形象设计理论的本质，就是视觉信息的设计及传播。设计师是信息源，他借助以及排列含有不同信息量的设计元素作为符号进行编码，通过人体这一媒介形成完整的形象。这个形象以最佳的视觉语言，把信息快速、准确地整合起来传达给接收者。接收者通过人眼接收信息，最后则会生成对此信息的反馈。

简单来说，就是形象设计师将不同的元素整合出来，利用一些视觉技巧或是元素背后的有效信息，给观者形成一个整体印象。在首饰搭配中，这些元素可以是首饰的材质、颜色、品牌、穿戴者的脸型等等，然后我们将这些元素和谐地组合在一起，形成一幅美妙的作品。而每个看到你的人，都是你的信息接收者，他们看你时的印象和感受，就是对你信息的反馈。

这其实是一件既需要实践又需要审美的工作，是一个整体而全面的构思计划。当我们开始考虑今天想要穿什么，展示什么风格的时候，这个设计过程就已经启动了。而设计的成功与否，主要取决于你能否有效地利用好这些信息，传达出你想表达的形象。

形象设计的原理

在了解形象设计的概念以后，如何为自己和他人找到合适的首饰，就需要方法论的补充了。如何判断首饰是否适合你的秘诀，就在于视错觉原理。

视错觉原理，顾名思义，就是利用人眼产生的视觉错觉，而产生观感美化。在了解视错觉之前，我们先来了解三个相关的人眼生理机能：视角、视力以及视野。

视角是指我们在观察外界事物时，视线始终保持着的一个角度，这个角度就称为视角。通常来说，人的眼睛有效的视角范围是在18至30度，这个范围内我们需要集中精力才能看清目标。而视力中心范围的视角大约是在3度以内。也就是说，视角有一个很重要的特征：我们的眼睛总是用视力中心去分辨所观察对象的细节，而视力边缘只能看出一个模糊的大致情况，所以在形象设计中，通常会把最核心最关键的设计安排在视力中心范围内，突出主题，一目了然，而在这个范围里的视觉元素要简洁，传递的信息尽量不要过于复杂。

视力是指人眼辨认物体形状的能。通常我们在看到一个事物后，得到视觉印象最快也需要0.3秒左右。当一个物体是运动目标时，它的速度只有在1~2米/时，我们才能清晰辨别出它的运动状态。由于我们设计的目标在大多数情况下都是活动中的人，这就会导致我们的视线容易被移开，当视线被转移时，会降低我们所看到的事物的精确性。除此之外，背景与环境，光线的变化，色彩的纯度与明亮对比等都会影响我们的视力，这些都是需要在专业的形象设计时考虑在内的。

视野是指我们在注视前方时所见的空间范围，这个空间范围是固定的。双眼视野是一个椭圆形的区域，在这个区域中，长和宽的比例为1:1.618，正是我们常说的黄金比例，这也是为什么说黄金比例是最美的比例，就是因为他的长、宽比例正好符合视野这个椭圆形。

除了视角、视力和视野这些本身的生理基础会影响我们对事物的观感以外，光线、观察方位、距离等不同也会导致我们视觉器官的感受不同，从而产生误差，这种误差称之为错视。

在形象设计中，错视是不可忽视的重要秘诀。我们时常利用错视来扩大自己的形象优势，或是避免个人形象在视觉上的短处，从而使得整体形象得到提升。人们常说的，穿竖条纹图案的服装容易看起来显瘦，其实就是利用了视错觉原理。竖条纹在视觉上有一种延伸感，这种延伸感使得我们容易在观感上产生一种错觉，也就是身型被上下延伸的线条“拉长”了，所以就显得苗条了。在首饰搭配中，我们也同样需要利用错视的方法，来让我们的首饰穿戴看起来更适得其所。

开始学习形象诊断

形象就是行走的名片，如同我们撰写自己的履历一般，形象也需要分析自己的优势弱势，突出自己擅长的部分。所以，形象需要结合几个部分进行分析设计。

在现代主流的观点里，通常根据时间、地点和场合的变化具体设计形象，以使我们的设计作品有一种“现场感”。这来源于当下主流的一种审美原则，叫做“TPO”，即Time（时间）Place（地点）Occasion（场合）的缩写。

时间通常是指早晚、季节和年代的不同，对形象设计的结果也会产生不同的考量。比如，品牌会因为不同的季节而推出合时宜的流行单品，不同的季节会流行不同的含有季节代表性的元素。

地点则代表了因地制宜，比如不同地区的文化背景，历史环境，地理风貌，风俗习惯，都会对我们形象设计的考量过程有一定的影响。人们由于不同的背景，对于时尚的定义可能会产生变化，不同的格调和特色会考虑其中。

场合体现了我们设计的目的，是可以最具象化的分析目标。比如，当你参加婚礼，或是当你受邀看一场歌剧，甚至是你受邀参加一场商务派对时，你的整体造型是带有具体主题的，设计目标也是十分清晰的。在形象设计中，我们需要去添加这个主题的相应设计元素，使得主题变得明确、合时宜。

在首饰搭配设计中，我们也可以使用“TPO”原则，通过四个步骤对个人进行形象诊断。

步骤一：分析个人的气质、习惯的仪容仪态，平日的行事穿衣风格等。形象设计需要对个人的独特性有一定的了解，止于千篇一律的流行，建立自己独特的标识与身份。

步骤二：分析什么是个人最合适的设计元素，具体到个人的脸型分析，手型分析，身材分析，个人色彩信息等。结合个人特有的特征，给予适合个人的穿戴建议。对于形象而言，了解适合自己的搭配，是个人展现优势、突出自己特点的基础。合适永远比盲目追逐时尚更重要。

步骤三：勇于尝试各种风格，给予信息反馈。毕竟，形象设计是一个艺术性的创造过程，在掌握个人信息的基础上，不应该被局限设计的可能性。穿搭应该是服务于个人的，不同的心情，不同的创意，都可以体现在你想要传递的信息中。

步骤四：结合“TPO”原则，分析当下的时间、地点、以及具体你想体现形象设计的场合，设计一次独特且有主题的形象，在这个步骤中，你可以结合TPO原则，选择流行且符合场合的元素填充在你的设计里。你可以使用“TPO”原则帮助你列出表格，写下分析。

勇敢
突破
首饰类别
的边界。

认识首饰

RECOGNIZE JEWELRY

项　链

项链是搭配中最吸睛的存在，可以说是处在整个人体装饰的黄金位置，人们在第一眼就能注意到脖子上所佩戴的装饰物。

项链也是历史悠久的首饰，虽然在原始人时期，脖子上的饰物是有实际意义的，比如说，当时的勇士会将猛兽的牙齿或者兽骨串联起来，作为炫耀的饰品挂在脖子上，以此证明他们的力量和勇敢。这样一来，他们既可以向其他的原始人展示他们有多么的生猛，也能让猛兽的力量与自己合二为一，起到护身符的作用。

当然，项链在早期，还有用来计数的作用，把石头当做计数工具，串在绳索上，从而形成一个功能性的串珠。

再后来，由于人类本身对于美就有天然追求，项链逐渐从强调功能性演变成了装饰性的饰品，开始形成了美学意义。

同时，在现代，它还引申出来一个浪漫的含义：将恋人紧紧锁住，希望对方一心一意。原因是，项链的佩戴位置接近心脏，而且项链需要系扣，就像将情人紧紧锁住，希冀二人能够一生一世。

项链在送礼上也有一些暗含的心意，男生送女生项链代表着爱慕，女生送男生项链代表珍惜。如果是单身人士赠送项链，代表“我想与你相恋”。

最佳长度

以下的长度指南与项链的搭配法则及感官舒适度息息相关，通常，项链的长度被归为以下几类：

14” 贴颈式 CHOKER

颈圈型项链，紧贴颈部中央。

16” 假领式 COLLAR

假领式项链落在脖子底部，这种长度使整体造型犹如穿了衬衫。

围兜项链的长度大多是属于这种。

18” 公主式 PRINCESS

公主链比前两者略长，落在上胸，较为常见。

许多主角级项链和项链坠饰都属于此长度。

20–24” 日间式 MATINEE

日间项链的长度通常落在胸口，正如其名，是比较偏向休闲的午后装扮。

30” 歌剧式 OPERA

歌剧链落至胸线下方，较适合正式的装扮。

33” 套索式 ROPE / LARIAT

长度最长，同时也是最令人印象深刻的项链款式，一路垂挂至腰际。

项链通常不需要解扣就能戴上，且可绕颈两圈。

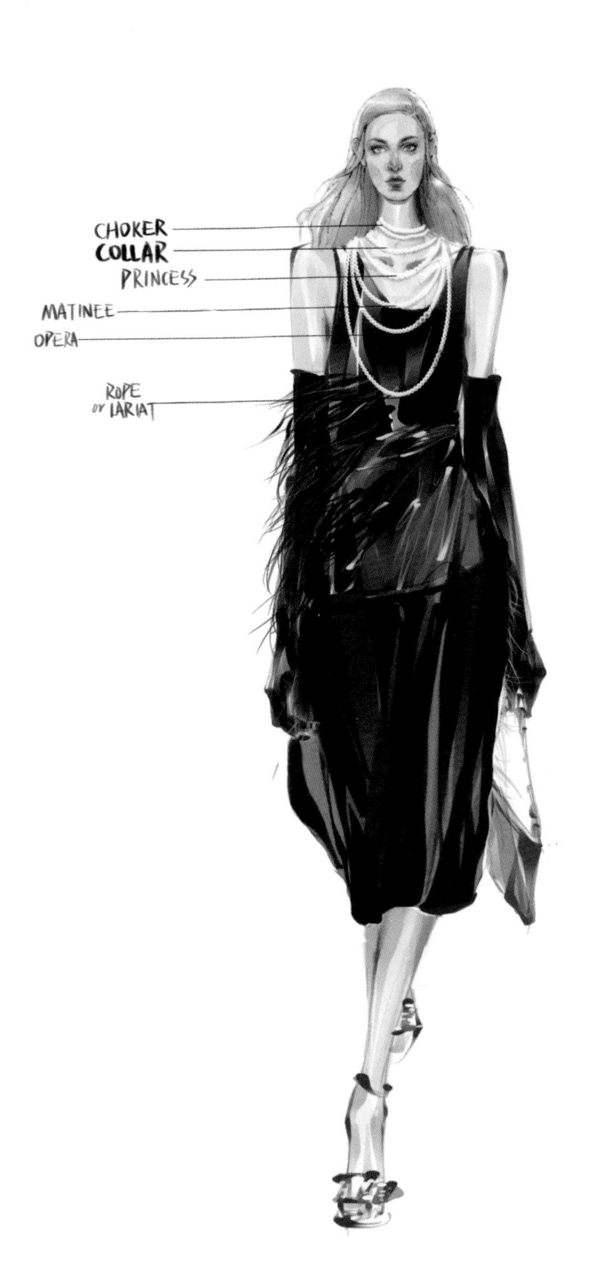
CHOKER
COLLAR
PRINCESS
MATINEE
OPERA
ROPE or LARIAT

如何叠戴项链

项链最重要的叠戴原则就是：从最细巧的单品开始，首先戴上最轻最细致的项链，然后依照尺寸和长度层层往下层叠。

这里要注意的是：项链与项链之间需要保留一定的间隔，切忌视觉上所有项链有过于扎堆的感觉。间隔的宽窄无需一致，只要小心不要重叠即可。

如果需要混搭不同金属和质感的项链，比如说，金属方格链、串珠链或小颗宝石，我们需要让金属项链作为造型基础，其他材质的项链用来增加质感。

最后需要以大型坠饰作为整体造型的重点，链子最长且坠饰最大的项链，必须在层次搭配的最下方，使整体造型有重点。否则会主题混乱，造型没有落点。

虽然单戴项链也很别致，但层叠叠戴项链会使你变得俏皮有趣，在人群中与众不同。只要掌握这几个小技巧，你将会创造出千变万化的宇宙。

反转项链

反转项链一定是佩戴中最有趣的一种，出其不意却效果惊人。当你试着把项链反戴以后，搭配上露背连衣裙，不仅让你整个人浑身上下透露着致命的吸引力，也会让你在正式场合中脱颖而出。

切记！反转项链需要露出你的后背，所以穿着露背装的同时，也要记得做盘起的发型，或是将长发侧置于胸前。

搭配建议：

休闲极简

搭配休闲服饰时，切莫选择过于华丽的大宝石项链，选出二至三条长度不一的简洁项链，用叠戴的技巧，依次将他们置于背部。要注意的是，选择的项链不宜过短，也不宜过粗，这种造型需要极强层次感，同时需要体现简单精致。置于最下层的项链，需有吊坠收尾，否则显得缺失主题。

华丽正式

在正式场合中，反转项链简直就是主场作战。露背礼服加上长宝石项链，一定是天作之合。大宝石项链切勿叠用其他首饰，否则会失去宝石项链本身的主角级光环。

叠戴元素

蕾　丝

用一段宽度合适的蕾丝作为颈链，并用基本的项链叠戴方法往下延伸，这样的搭配既仙气，又不失摩登。

丝 巾

搭配衬衫、或者西装时，可以在脖颈处系上气质丝巾，但注意，在丝巾下方仍可叠戴金属项链，使整体造型更有现代感。

花 卉

当你身着正式的连衣裙，却又不想使用大众的金属或宝石材料点缀自己时，不妨试试在脖子处系上一条大花卉颈链，能让你成为人群中的小精灵。

最下面记得用吊坠收尾。

珍　珠

珍珠层叠颈链也可以用作叠戴，按照刚刚我们学会的法则，用小颗粒珍珠作为搭配的开端，最下面记得用吊坠收尾。

同样地，由于不同的领型在视觉上的观感不同，我们可以根据不同领型的形状特点，搭配相应的项链：

领型指南	
高领	高领既可搭配长款毛衣项链拉长线条，又可搭配复古的宽金属链增加气场。
小圆领	可以选择简单的短项链，显得造型简洁可爱。也可以选择特别的围兜式项链，像有第二层领子一般，拥有层叠的视觉精致感。
露肩	可以搭配闪亮的锁骨链，或者是经典的珍珠项链，突出香肩以及优雅风情。
方领	试试具有造型感的几何项链，尤其是方领搭配方形项链。
大圆领	大圆领的重点来自于饰品需要让脖子处不再空空荡荡，以大作为搭配原则，大的装饰项链便符合这项特质。

手　环

手环是我们装饰自己腕部最重要的饰品，合适的装饰可以突出整体造型感。

古代女性曾将手镯看作是信物，传递男女情愫，誓言盟约。除了手镯，手环也承载着美好的祝愿，例如幸运挂饰和友谊手环，也代表着人与人之间最美好的情感联系。

在现代，它们已然变成凸显个性的利器，尤其是在一些个性穿搭中，多材料手环与手镯的叠戴可以立即让你提升时尚度。

如何叠戴手环

如今手环已经有很多种叠戴的形式，可以借由传统的手环、细金属链或是手表等装饰品叠加在一起，给造型的错落感加分。

在叠戴手环时，注意宽细错落，这是最重要的，不同宽细的饰品是我们叠戴的依据和法则。

在手腕处，可以像平日般戴上一只皮带手表，靠近手掌处，可以选择细一点带坠饰的宽松手链，搭配尺寸略大的细手镯，这样可以营造出随性慵懒的错落感，首饰不会显得过于紧凑。

在手表的另一边，靠近手臂处，可以选择金属的宽C字手环或手镯等，这样会让整体搭配带着更多个性色彩，注意选择的首饰颜色和材质尽量要有统一性。

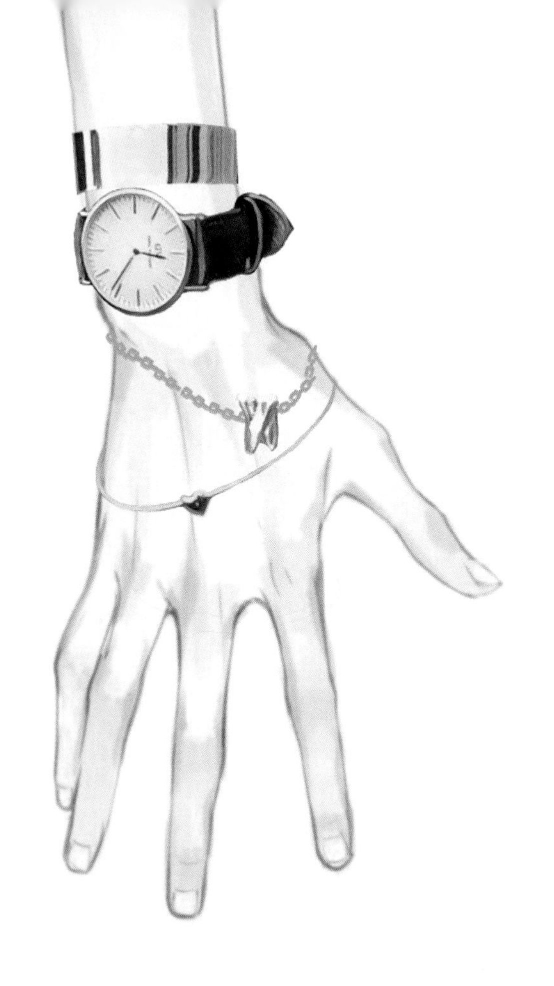

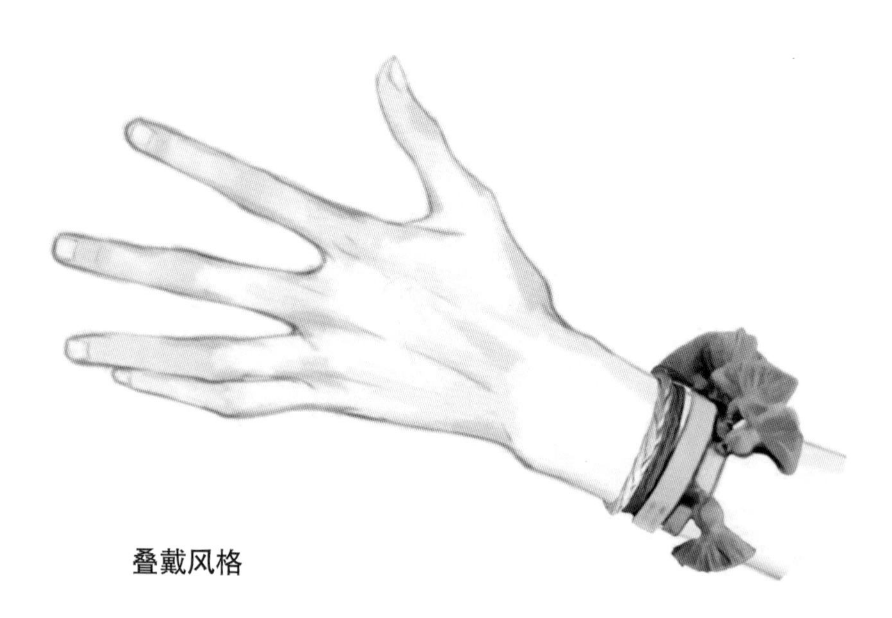

叠戴风格

现代波西米亚

波西米亚风格的特点在于善用绳结、皮革等材料组成一个既摩登又复古的叠戴搭配。不同于传统的波西米亚风格，在这里你可以试着使用一些创新型的材料和色彩，减弱本身的复古感，增添俏皮气息。

别致休闲

简约的T恤也可以通过叠戴腕部饰品吸睛，方法非常简单，将两条细金属链置于宽手镯的两侧，这样的搭配休闲而不失雅趣。

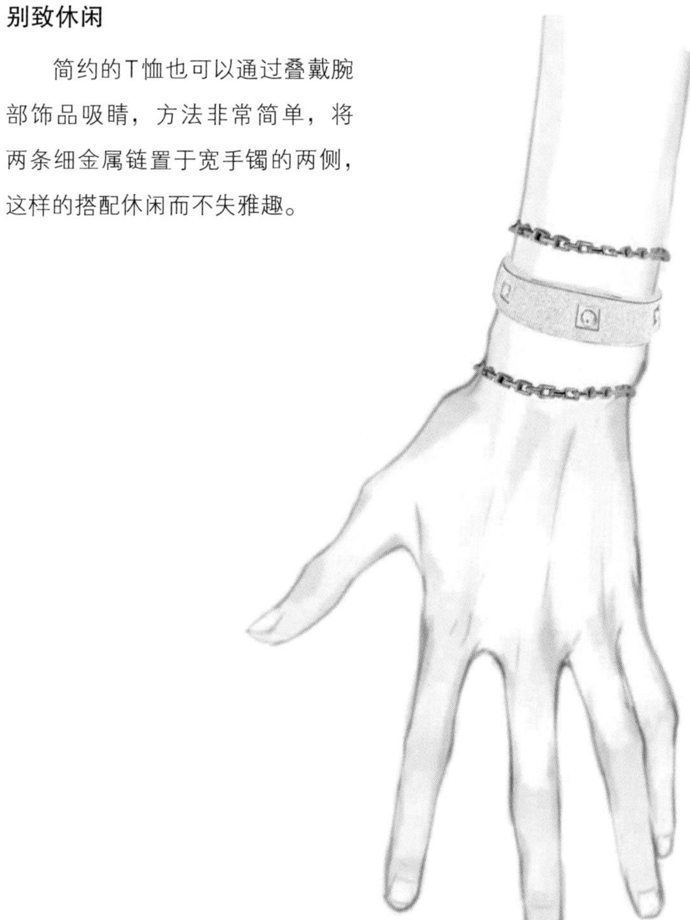

摩登简约

在工作场合如何既保持低调又凸显与众不同？金属腕表加上金属手镯绝对能帮助你达到此目的。两者之间再加上一条皮质材料的手环，就能很好地将同材质的饰品分割开来，减轻同材质的视觉疲劳感。

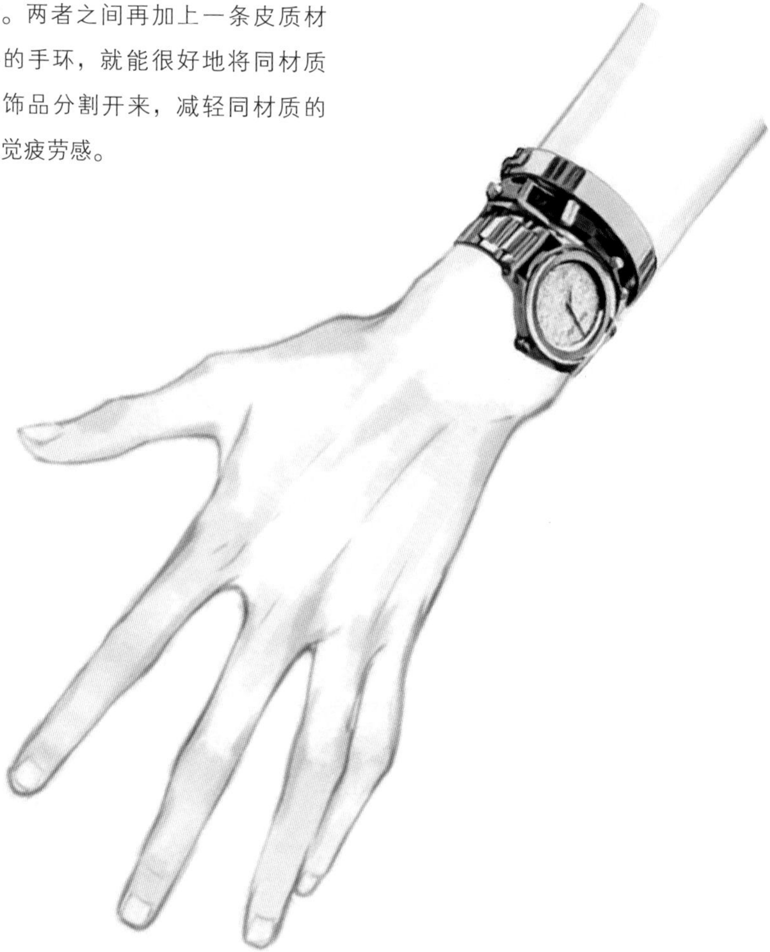

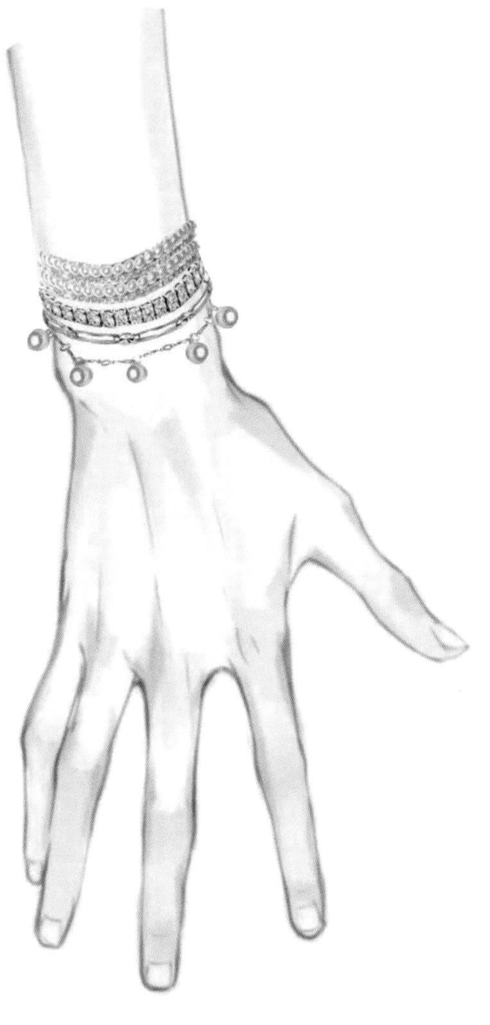

经典璀璨

铂金、钻石、珍珠，美妙的银白色能搭配出高级的璀璨感。在出席一些正式的场合时，腕部抢眼的银白色饰品混搭能让优雅精致更上一层等级。

手环类型	
C字手环	开放式手环，通常是宽版金属手环，可直接套在手腕上。
手镯	封闭形手环，通常无法自由调节长度，会有一丝正式感。
手链	手链以金属链条作为主要连接形式，穿搭中让人感觉细巧。
幸运挂饰手环	通常是在金属圈外有一圈可爱的饰物围绕，饰物各具美好意义，有一些饰物可以更换增加。
钻石手镯	钻石手镯以钻石作为宝石，既经典又正式，闪即是特点。
友谊手环	彩色的绳链层叠在一起，多用于DIY风格和波西米亚风格。

戒　指

戒指，如今或作为装饰，或作为婚姻的信物，或代表财富。

最早，很多戒指被帝王戴在大拇指上代表权力和威望。

后来，戒指被民间广泛使用，中国老百姓约定俗成地认为，左为上，右为下，左代表着权威力量，右代表着温柔体贴。所以，在佩戴戒指时，存在了男左女右这一说法。

在西方，左手通常代表上帝赐予的好运，所以人们纷纷习惯性地把戒指戴在左手上。戴戒指的位置也有讲究，它可以代表佩戴者的爱情状态，比如，佩戴在食指上代表未婚，佩戴在中指上代表订婚，佩戴在无名指上代表已婚，而佩戴在小指上则代表不婚主义。

至于为什么习惯把婚戒戴在无名指上，是因为西方普遍认为，无名指在十指中与心脏的距离最为接近，以此表示婚姻的神圣庄重。

如何叠戴戒指

在一些复古风格里，叠戴戒指是非常重要的，它可以迅速撑起一个人的气场。但叠戴时，戒指一多难免会充满凌乱感，此时你需要运用以下技巧帮助你整理出井然有序的精致搭配。

搭配建议：

材质为上

在所有戒指中，最常见的材料就是金属，金属的颜色尽量要统一，才容易在搭配中具有整体性。在一众金属戒中，可选择一个大宝石戒指，比如大珍珠，或是大图形戒指，突出主题，但宜精不宜多。

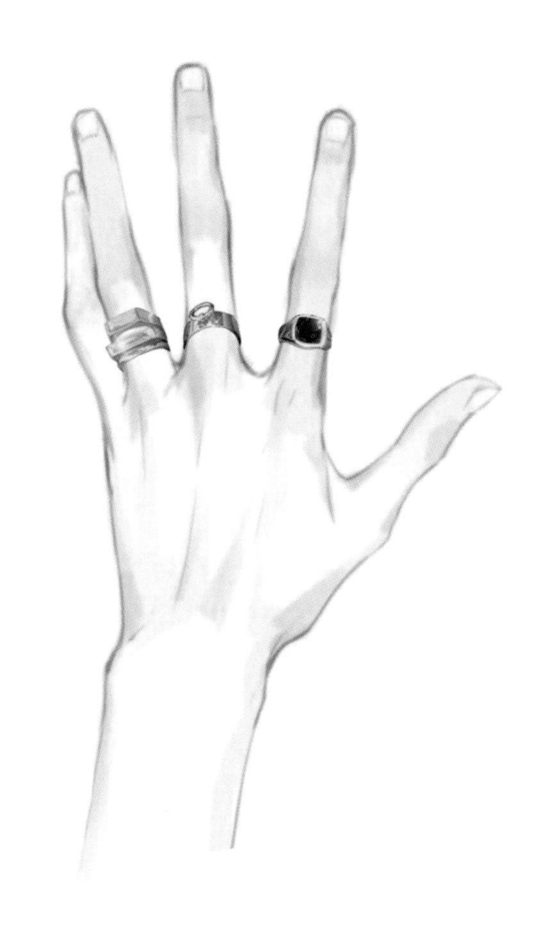

角度技巧

同样，角度法也可以帮助我们完成个性叠戴。中指位置的戒指可以戴在整个造型中的最高处，错落感可以使得整个造型十分生动。左右两边的戒指戴在低处，但建议使用较宽的戒指造型，使得三角的两角显得稳重而不会过轻。

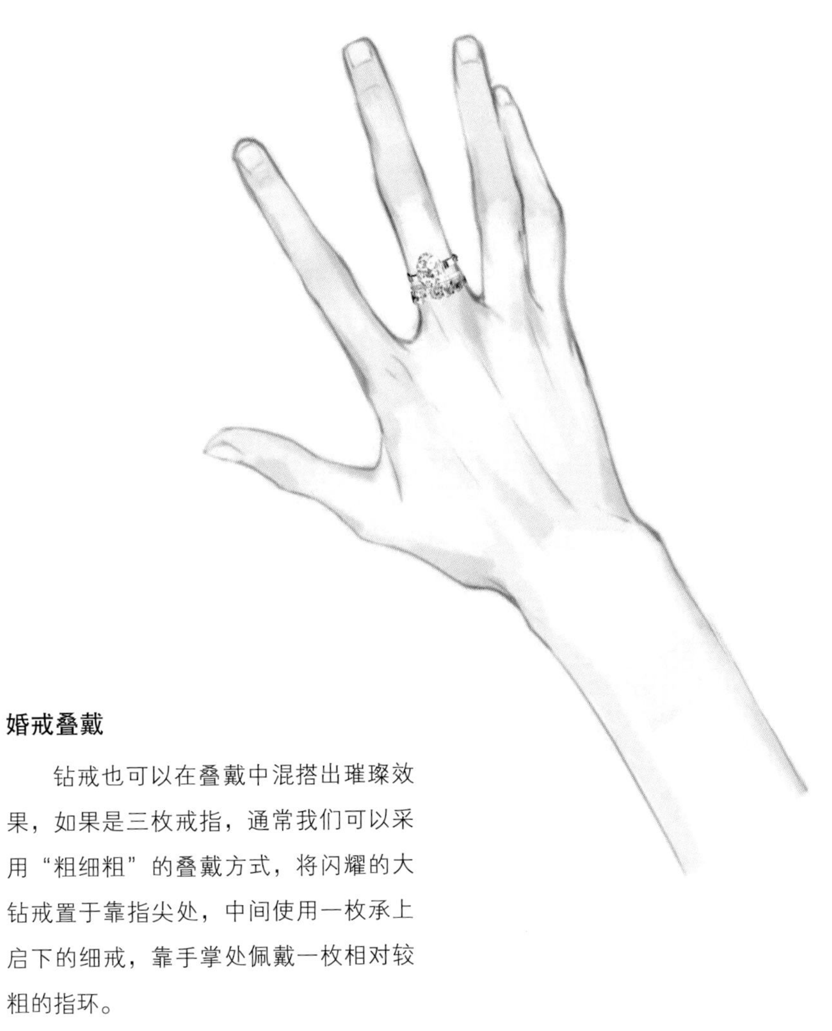

婚戒叠戴

钻戒也可以在叠戴中混搭出璀璨效果，如果是三枚戒指，通常我们可以采用“粗细粗”的叠戴方式，将闪耀的大钻戒置于靠指尖处，中间使用一枚承上启下的细戒，靠手掌处佩戴一枚相对较粗的指环。

如果是两枚戒指，通常是靠手掌处佩戴对戒，外侧佩戴钻戒。

叠戴几何学

在叠戴戒指方法中，我们有一个有趣的几何方法来帮助大家解决戒指叠戴的难题。

只要记住这两种排列方式，任何戒指都可以对应使用。

一字法

这是不喜欢冒险人士的最优组合，将不同戒指统一位置，套在不同手指上，形成一个“一”字，是最平衡视觉的做法。

当然，连体戒指也是一个增添个性非常不错的小饰物。

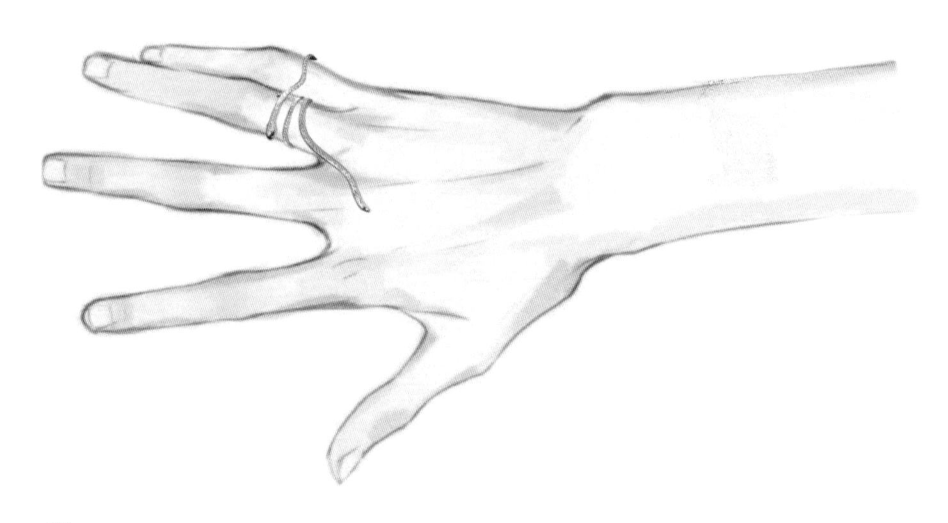

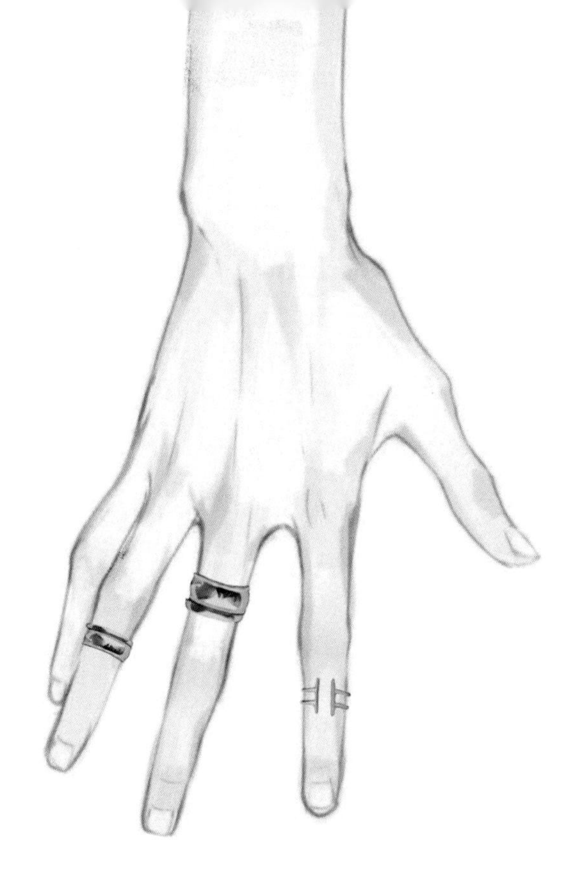

三角法

如果需要一些挑战，可以将戒指佩戴的位置稍许挪动，形成一个正三角或直角三角的几何图形，这样显得个性分明，但又不会过分显眼。

如果需要强调个性，可以试试用倒三角的方法，中指处佩戴较宽的戒指，食指与无名指处按照角度佩戴稍细的金属戒。

手的类型

粗短手指

我们可以使用V字或流线型设计的戒指，将视觉关注点延伸，使得肉肉的手指看起来更加修长。

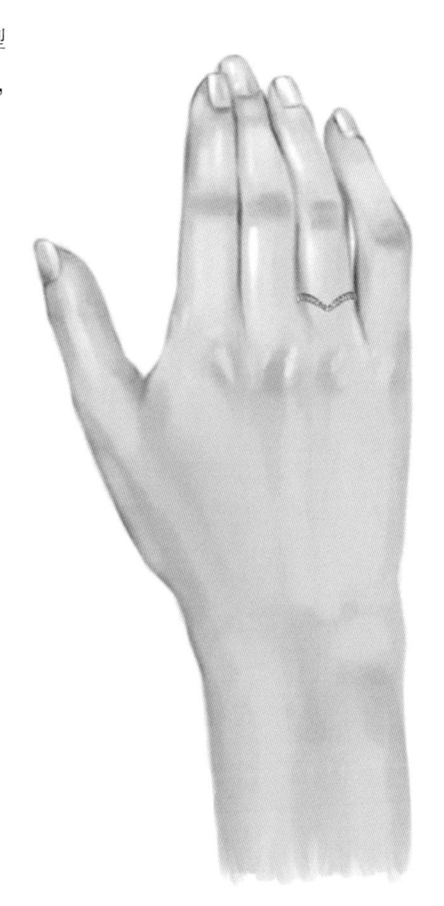

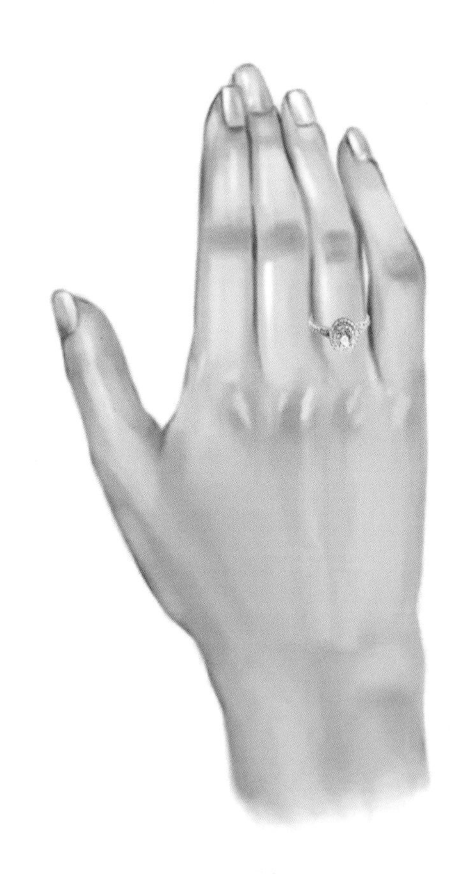

粗长手指

粗长的手指适合佩戴较宽的戒圈，配上大台面的宝石会是一个好主意，还能看起来十分富贵。

关节手型

使用有交叉线条的设计可以将视觉分割开来，更显均匀，以此来减弱关节突兀的视觉影响。

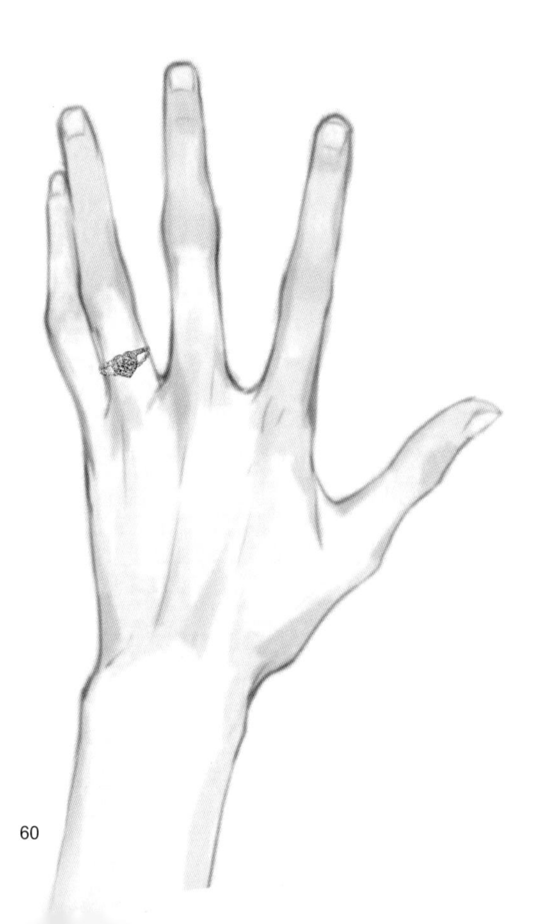

胸　针

胸针在初始最主要的用途是固定服装，后来慢慢延伸出了人文意义。

奥地利作家斯蒂芬·茨威格曾说过："胸针之于女性，象征大过于装饰，因为它是所有饰物中唯一不和女性身体发生接触的特例。而即便高贵如女王，在佩戴胸针时也必须谦卑俯首，那时往往会有一阵微微的眩晕，因为，你看到的是你心上的自己。"

在西方礼仪中，胸针通常会被佩戴在左边。这个习惯起源于曾有一位战士，由于他右半边的服饰上勋章全已戴满，于是他就把勋章佩戴在了衣服的左侧，而就是因为这枚佩戴在左侧的胸针，在下一次战争中抵挡了一颗子弹，救了这位战士的性命。从此以后，大家便开始流传着勋章佩戴在左侧是幸运的这一种说法，从而也广泛形成了一种西方礼仪。

把胸针佩戴在左侧，接近心脏的位置，也包含着佩戴者珍惜生命，热爱人生的含义。

如何叠戴胸针

胸针如今的搭配变得丰富起来，它可以在服饰各种位置展现出自己的特色。

胸针可以随意根据心情场合搭配不同风格，有时可以体现风情优雅，有时可以表现趣味童心。

位置搭配

胸针位置已经不局限于佩戴在胸口，在服饰任意处都可以添上胸针。在裙边，衬衣领间，腰线处都可以加上一枚别致的小胸针，让胸针成为服饰上一个密不可分的元素，这会让造型更加多元和有趣。

风格搭配

仙气满满

叠戴花卉元素的胸针可以让简单的服装充满生机，仿佛将春天穿戴在你的身上一般。可以将花卉胸针以弧度的造型置于领边一排，让人们一眼就看到这些柔美又俏皮的小胸针。

职场精干

改善平日乏味的衬衫穿搭，最有效的方式之一就是佩戴一枚精致又不失优雅的胸针。在衬衫衣领下方搭配一个大而闪的图形胸针，会立刻使简单的衬衫成为焦点。

个性搞怪

如果你喜欢收集童趣或者搞怪的胸针，那么可以试试将这些可爱的图形叠戴在一起。让不同图案的胸针错落地叠戴在上衣处，尤其是在毛衣和连衣裙上使用这个小技巧，能让你看起来鬼马精灵。

男士穿戴

男士也可以使用胸针或是领针增加造型感，在衬衫衣领两端分别戴上它们，高级感不言而喻。

玩转衬衫

如果你也是衬衫族的话，胸针是让衬衫变特别的佳品。无论是职场还是正式场合，选择这两种胸针加持，将普通的衬衫穿出新高度。

领　夹

选择两枚一样的宝石胸针，或是造型胸针，对称地别在衬衫衣领的尖端处，请注意，此处胸针宜大不宜小，否则无法令人集中注意力。

带链胸针

在对称造型的基础上，两个图形之间多加上一条装饰链条，会显得儒雅正式，甚至使造型变得更有复古感。

胸针新搭

胸针虽然称之为胸针，但如今有更多搭配法使它们更富趣味。它的位置不再仅仅出现在胸口处，而是可以出现在任何地方。

帽　子

无论春夏还是秋冬，当你搭配任何帽子的时候，都可以选择一枚闪闪发亮的胸针作为辅助图形装饰。

围　巾

如果秋冬厚重的围巾看起来索然无味的话，也可以在上面加上一枚金属系胸针，但请记得搭配一枚看起来同样有重量的胸针，不然可能看起来过于轻薄。

鞋　面

一双普通的平底鞋也能改造成非常时尚的新鞋，用强调元素和图案的胸针扣在鞋面上，注意小心会有损伤鞋面的风险，这样一双新的时尚鞋履便大功告成了！

耳　环

在中国，耳环有盼望游子早日回家的寓意，耳环的谐音便是盼望儿还。

在西方，早期人们认为五官中有孔窍之处都需要保护，因为魔鬼会钻进人们的身体里，从而霸占人们的躯壳，控制人们的心灵。于是，耳环便成为了庇护符，挂在耳朵两侧，保护自己。

后来耳环演变成了装饰自己的饰物，男女都会运用耳饰来表达自己。

由于耳环的佩戴位置在脸部左右两侧最醒目的位置，所以耳环在修饰脸型中功不可没。

擅于使用各种形式的耳环，就能很好地利用错视原理，在放大优势的同时，缩小视觉缺陷。

耳环类型	
耳针	以一根银针作为主要支撑点，其中一端带着一个造型图形。
垂坠	通常以勾耳或耳针的形式，下方带一些长且垂坠的造型。
攀爬	通常是以线作为造型，从耳垂向耳骨延伸。
圈式	大圈圈的耳环造型，通常看起来活泼具造型感。
吊灯	多出现在隆重的场合，是大而有层次感的大图形装饰。
耳骨针	专指耳骨上适用的小耳钉。

如何叠戴耳环

混搭小巧耳环

耳环的材料通常也多为金属，所以要注意金属的颜色，让它们在搭配中具有统一性。

耳环的造型和位置通常是比较错落丰富的，可以具有创造力地将耳环统筹起来。耳骨钉可以像星辰一般在不同位置进行点缀。在造型最下处，可以使用具有垂坠感，流苏感的造型耳环拉长线条，并且让这个搭配拥有重心。

可以说，从上而下的搭配需要循序渐进。离耳垂最远的耳饰，最需要轻盈感，慢慢移到耳垂处，就需要增添一些厚重感的饰物了，尤其是具有垂坠感的耳环，一定要放置在耳垂处。

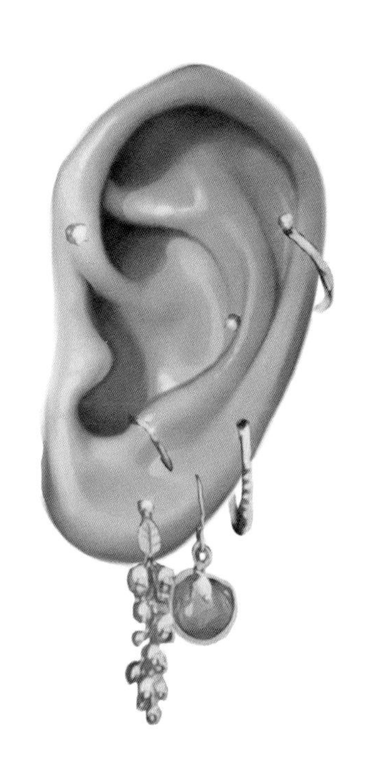

耳环元素风格

除了耳环的尺寸、材料以外，耳环也有属于自己不同的元素，这些元素也可以交织起来形成有趣的组合。

比如说植物纹样，花卉纹样，就是常见的风格。单一的小花朵图案可以当作耳骨钉使用在中间。再用一些叶片纹样，可以增加浪漫风情。

除此之外，耳环的元素还有诸如星空、宫廷、复古、海洋等等纹样造型。组合起来就像形成一幅小小的艺术作品。

只要你有浪漫的细胞，耳朵上便可星光闪耀。

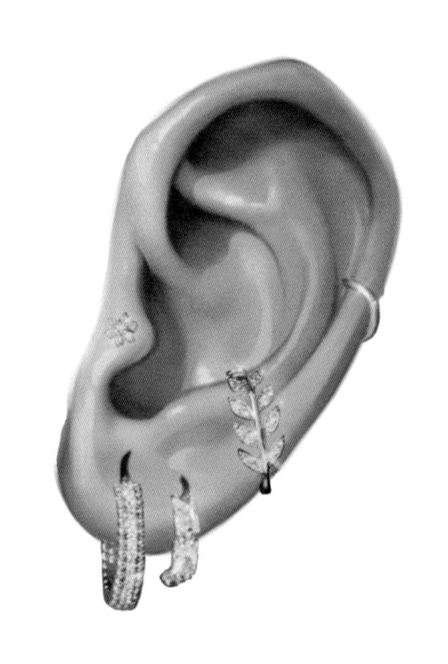

先锋风格

除了传统的耳钉、垂坠，攀爬耳环在新风潮中流行了起来。

用对攀爬耳环，可以尽显个性，甚至搭配出先锋主义风格。

攀爬耳环的特点就是包裹着耳朵的轮廓设计，再使用金属元素，使得整个风格立体鲜明，极具个性。

那么，针对不同脸型的首饰穿戴正是如此，利用错视原理，我们提供如下表格供大家参考：

各种脸型适合的耳环									
	长脸	鹅蛋脸	圆脸	三角脸	倒三角脸	尖脸	方形脸	菱形脸	心形脸
耳针	√	√	√	√	√	√	×	√	√
圆形	√	×	×	√	√	×	×	√	√
方形	√	×	×	×	√	×	×	√	√
矩形	√	√	√	√	×	×	√	×	×
超长垂坠	×	√	√	×	×	√	√	×	×
上重	√	√	×	√	√	×	×	√	√
下重	√	√	√	×	√	×	√	√	√

其他首饰

除了上述五种常见首饰以外，还要提及三种同样对于穿搭时尚感有非常大提升的首饰。

我们在此的议题是：如何挖掘自己首饰搭配的潜力，勇于打破固有搭配的逻辑框架，使用这些首饰打造全新的造型。

人们常常会忽略这几种不太主流的饰品，实际上，这三种首饰会令大家对首饰的理解更进一步。

习惯使用他们，时尚感必然上升一个台阶！

身体链

身体链即贴于身体前后交叉的装饰链，它可以由各种图形设计而成，最常见的是以金属细链的形式点缀身体。

在这里，我们要介绍两种身体链在不同场合可选择的佩戴方法。

由于装饰面积大，身体链最大的优点在于极易吸睛，所以，学会穿戴身体链绝对是时尚达人的必要选择。

休闲场合

在休闲场合中，身体链的长度通常不超过臀部，以避免繁复的视觉效果。身体链通常搭配在衣服外部，如果身着低胸服饰，也可以考虑穿戴在外衣内。需要注意的是，休闲场合尽量避免复杂的大图形身体链，简单的金属链条才不会显得太过夸张或是喧宾夺主。

正式场合

盛装佩戴身体链，最重要的技巧是选择适合的饰品材质去相得益彰。例如，在搭配轻盈材质的礼服时，可以以细金属为基础勾勒出造型图形，以此做搭配，不仅让人感觉出其不意，还保留了原本服装造型想表达的仙气飘飘的即视感。此外，在正式场合中，身体链可以调节稍长，可以尝试将饰物过臀垂坠，这样会尽显女神气息。

腿　饰

人们常常忽略下半身的装饰，腿链就是一个极其重要的下半身饰品，它的装饰性将超过你的想象。

总体来说，我们将腿饰按位置分为两个部分，大腿饰品以及小腿饰品。虽然同为腿部饰品，但是在观感上予人以截然不同的感受。

大腿饰品

佩戴大腿链的前提条件是，你需要穿上短裙，然后在任意一条大腿处佩戴装饰品即可，但请注意，如果两条腿同时佩戴饰品，可就显得有些失去焦点了。

小腿饰品

在一些较为正式的场合时，你可以选择一条带着闪亮宝石的长坠链饰品，尽情装扮在整个小腿处，这么搭配一定让你在人群中脱颖而出。

装饰元素

小腿饰品的装饰范围可以非常丰富，丝巾、金属、链条等等都可以成为优秀的装饰元素，它们能将你的造型更加丰满，更上一层楼。

头　饰

在日常生活中，发卡发簪是我们常常会选择使用的头部饰品，对于造型感也有很好的提升。

除此之外，还要为大家介绍一种头部饰品，这款饰品主要以垂坠链条的形式增加造型感，尤其是在身着礼服的场合格外加分。

由于佩戴在头部，所以饰品材质宜轻不宜重，细金属链条以及小珍珠都是很好的选择。在一些带有主题性的穿搭中，有时它能营造一种异域风情。

如果腻烦了普通头饰的话，不妨来试试它吧。

小心谨慎
地使用各种
元素排列组合，
不同的符号、
不同的元素
将会编织不同
的故事。

时尚风格

Fashion Style

八种风格造型

复古典雅 Classic Elegance

如何在正式场合中脱颖而出？你需要准备好两种永远不会出错的宝石：钻石和珍珠。小黑裙与珍珠项链的搭配已经人尽皆知，除此之外，不妨也可以试试钻石首饰，无色的钻石饰品配上深色的服饰将会让你在灯光下闪耀全场。这无疑是最经典隽永，时刻保持优雅的一组搭配。

代表性单品：

多层钻石手环

水滴型钻石耳环

全钻石项链

珍珠项链

多层珍珠手环

大颗粒珍珠耳环

新经典 New Classic

除了高雅的珍珠、闪耀的钻石，新经典风是现代女性的装饰新模板。在工作中，现代女性更多会选择穿着干练的长裤或套装，而优雅的皮带腕表叠戴金属手链，能够充分凸显女性独立与优雅并存的气质。自信、时尚且精致，是新经典想传递的关键词。

代表性单品：

金属胸针

珍珠胸针

金属挂饰手环

金属宽手镯

大印章戒

皮带腕表

极致装饰 Curated Costume

极致装饰是叠戴的模范，堆叠是这个风格的核心词汇。但这并不意味着凌乱或是毫无主题，相反，合适的大项坠项链配上夸张而夺目的胸针，加上配色相得益彰的层层手镯，会让人感觉到这就是一幅极致的艺术巨作。

代表性作品：

鸡尾酒戒

大项坠假颈项链

夺目大型胸针

多圈叠戴项链

多层叠戴手镯

艺术家风格 Artist

艺术家风格使穿戴者成为艺术家本人，服饰则成为自己的画布。像是现代艺术中的符号一般，大几何图形项链，配合造型金属片耳环，都能让我们看起来具有一股神秘的艺术气质。如果你身穿一身黑，就更能让这股神秘的艺术气息绵延展开，韵味十足。

代表性单品：

几何形饰品

方形手镯

抽象形胸针

大理石花纹

宽金属手环

古董新潮 Updated Heirloom

我们总钟爱在各处收集古董首饰，却不知如何使用它们才好，古董新潮风格就是答案。在此风格中，擅用胸针和宝石首饰，可以得到极大的惊喜。那些看起来旧旧的质感，反而在搭配中如鱼得水，为现代装束增添年代感并且显得气质脱俗。

代表性作品：

古董首饰

情感首饰

宝石首饰

（玛瑙、月光石、绿松石）

做旧胸针

谁说DIY饰品就不能有自己的一番天地？手作友谊手环、编织手链也能让我们的穿搭变得更加精彩。简单的T恤搭配多色手作项链，立即使人看起来更活泼明朗，富有人情味。风潮DIY风格简单、率真，同时不乏装饰性，在日常装扮中可以大胆一试。

代表性作品：

编织项链和手环

大圈金属耳环

木制饰品

玻璃、陶珠饰品

友谊手环

现代波西米亚风 Modern Bohemian

现代波西米亚风格的关键在于同时拥有异域风情以及现代时尚趣味。将皮革、木质、绿松石或串珠等标志性的元素混合在一起之后，你会发现它独树一帜的魅力。

代表性单品：

复古绿松石和串珠项链

皮革饰品

多圈水晶项链坠饰

发带

木质耳环

摩登搞怪 Quirky Style

摩登搞怪是最能够打破传统装饰的搭配风格，它需要充分发挥我们的想象力。挑选出你最具有设计感的夸张耳饰，选择一只耳朵戴上，另外再佩戴上其他新奇古怪的饰物，可以是多种奇特材质组合而成、也可以是多种夸张造型堆叠而成，将他们混合在一起，看看是否能带给你惊喜。这是一个由你带领时尚前沿的风格，不甘于人后，勇于做自己。

代表性单品：

五彩亚克力手环

皮毛手套

夸张造型手环

超大型耳环或项链

宝石详解

珍珠 Pearl

珍珠已经不再仅仅代表经典和传统了，珍珠元素可是搭配中的“花样神器”。在这里，我将会教你使用三种花样技巧，让你摆脱珍珠的传统印象，走向潮流顶尖的珍珠达人。

打　结

试试把长串项链打结吧，不仅可以提升造型感，还能随你的需要调整珍珠项链的长度，让你仅仅使用一条项链就能佩戴出繁复的装饰效果。

打结的珍珠项链可以使得简单垂坠的珍珠长项链更具流线造型。尤其是为那些上班时经常选择套装或连衣裙的女士量身定做。

丝　巾

是不是从没有想过丝巾与珍珠搭配的组合？这两个元素叠加在一起，能产生无边无际的浪漫效应。丝巾的法式魅力加上珍珠自带的优雅气息，可以将雅致双倍体现。

丝巾可以分为两用，第一种方式，只需将丝巾系在脖子上，打上一个漂亮的结，然后将珍珠项链绕两圈自然垂于胸前即可；另一种方式，可以将丝巾视作装饰物，在佩戴完长串珍珠项链之后，选中项链某处，用丝巾打个花结，也会非常与众不同。

胸　针

珍珠项链与胸针的搭配，既能保留珍珠所持有的女性魅力，又能增添一丝复古意味。切记！珍珠项链需要穿过胸针佩戴，让胸针仿佛就是珍珠项链的一部分。这种搭配方法灵活有趣，可以根据你需要参加的场合不同而选择不同风格的胸针，风格百变，锦上添花。

叠戴胸针时尽量使用叠层的珍珠项链，形成一种繁复感，才能和夸张大型的胸针相配。

层叠贴颈式项链

层叠贴颈式项链与普通的颈链不同，珍珠层叠的厚重感，既带有一些复古意味，又显得脖子修长。切忌搭配偏高领的服装，这将会淹没了层叠珍珠的光彩。

搭配一件低领的连衣裙吧，也可以在下方再佩戴两条日间式或歌剧式长度的珍珠项链，这样的造型不止属于庄园里的女子，也可以属于你。

男士佩戴珍珠技巧

如今越来越多男士选择佩戴珍珠项链，珍珠已经不再是女士专属的宝石了。男士佩戴珍珠的法则即点到为止，使用珍珠点缀而非繁复地大面积使用，既显精炼又显风度翩翩。

搭配建议：

用珍珠作为叠戴点缀最合适，选择一条短珍珠项链搭配一条大吊坠金属链，既精致又不失风格。

长串珍珠项链还可以灵活地作为裤链使用，珍珠元素巧妙地融合了街头风，会成为一股新风雅。

男士平日的衬衣也可以成为珍珠项链的秀场，多层珍珠项链环于衣领之下，但是切忌项链过长而显得整体造型繁复，这样的珍珠搭配既增加造型感，也不会显得突兀。

钻石 Diamond

我们的首饰盒里一定需要这么一件闪闪发亮的饰物。

我们最常见的钻石饰物，一定就是钻戒或带钻指环。很多女士会选择钻戒和对戒一起佩戴，如果手指上想要叠戴两个戒指，切忌其中一个指环特别宽，这样视觉上会相对失衡。

钻石通常属于经典的搭配，主角级的钻石饰物十分适合出席正式场合。钻石饰物的搭配技巧永远只有一个：宜精不宜多。

男士佩戴钻石技巧

在当今时代，钻石也不仅仅是男士向女士求婚时的专属宝石了。男性也可以选择佩戴钻石来增加自己的魅力，尤其是身处灯光之下，璀璨的钻石一定无可比拟。

男士可以选择方形琢形的钻石，配以较粗金属指环以区分女性细巧的订婚钻戒。方琢形可凸显男性气质，同时又令人感觉稳重。

除了无色钻石，男士可以选择黑色钻石作为装饰，虽然黑色钻石并没有无色钻石那么闪耀，但钻石独有的闪光可以凸显其低调的华丽。尤其是在搭配深色丝缎服饰时，魅力十足。

正式场合中，如果男士们需要穿搭西装，也可以选择精致的钻石胸针佩戴在胸前，这并不会让人觉得花哨，反而会增添一种主角风范。

男士亦可以在正式场合中，选择宽度稍宽的造型钻石项链置于衬衫领下方，请记得选择深色的衬衫，才能将钻石的光芒发挥到最璀璨！

另外，用钻石领带夹点缀领带也是商务人士不错的选择，由于领带夹在整体造型的中心处，钻石本身又散发着夺目的闪光，这会让对方一眼就注意到这个精致的小举措。

钻石琢形指南

钻石具有不同琢形，每种琢形都拥有自己的特点。

圆型	椭圆型	马眼型	梨型
是最多、最常见的琢型，显大且闪，是最经典的琢型。	代表雍容华贵，以及不甘平庸。	代表独特、个性、出众，愿意接受挑战。	代表典雅、沉稳，有女性魅力但不落俗。

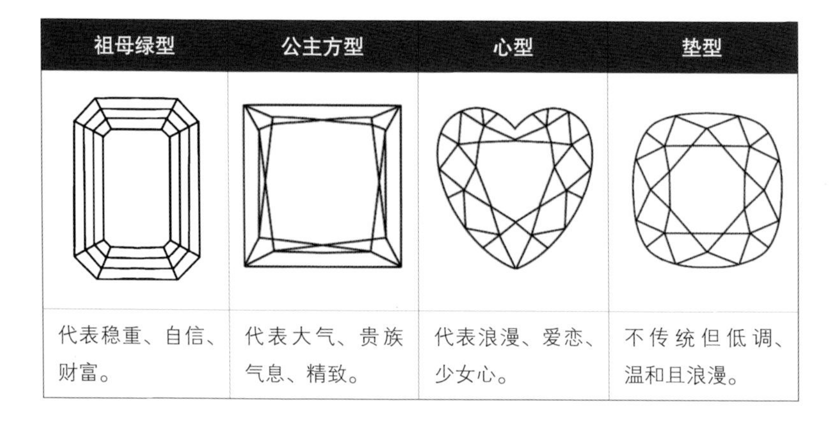

祖母绿型	公主方型	心型	垫型
代表稳重、自信、财富。	代表大气、贵族气息、精致。	代表浪漫、爱恋、少女心。	不传统但低调、温和且浪漫。

彩色宝石 Gemstones

彩色宝石的选择较多，在各种风格中都可以很好地展示趣味性。女士在佩戴彩色宝石时，请注意不要过于突出宝石的大小，如果没有在均衡性上巧妙地处理，反而会减分。

彩色宝石首饰需要考虑搭配的一体性，宝石颜色如果与服饰颜色相匹配，将会让整个造型都非常有整体性，看起来非常和谐。

男士佩戴彩色宝石技巧

男士佩戴彩色宝石时，可以根据场合和风格选择颜色艳丽的宝石，比如说大颗粒祖母绿戒指，红宝石项链等，只要搭配得宜，男士佩戴彩色宝石可以更加如虎添翼。

在选择彩色宝石时，尽量选择颜色浓郁的深色宝石，男性肤色相较于女性会更深一些，所以宝石颜色宜深不宜浅。

在佩戴彩色宝石首饰时，尽量使用叠戴的方式，单一的宝石项链或者戒指可能显得过于正式，用叠戴的方式可以减轻这种正式感，增加一些潮流元素，在观感上更显时尚。

金属颜色与肤色

肤色与颜色的搭配最重要的口诀是：注意两者颜色的对比度，让这种对比能够为你的造型增添和谐，而不是拖你的后腿。

玫瑰金

玫瑰金是带有粉调的金属颜色，所以又可以叫粉色金（pink gold）。

对于拥有暖肤色或是肤色偏暗沉的人群来说，玫瑰金可以提升气色，看起来更娇柔可爱，还可以显白。

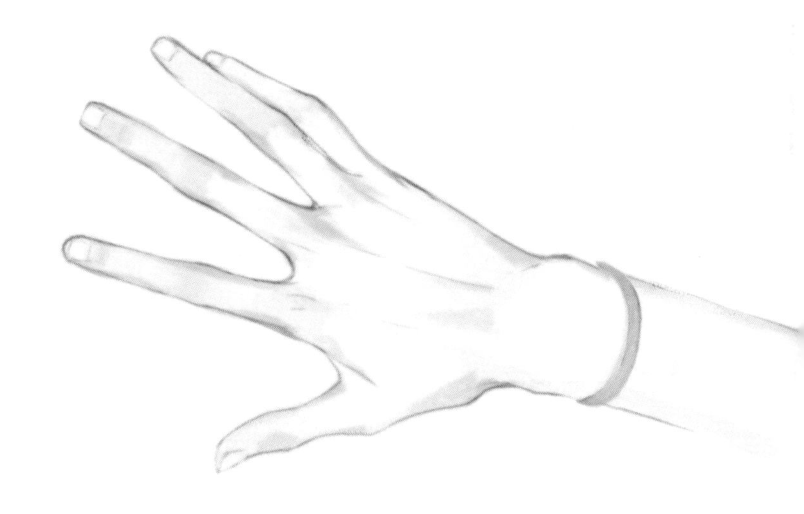

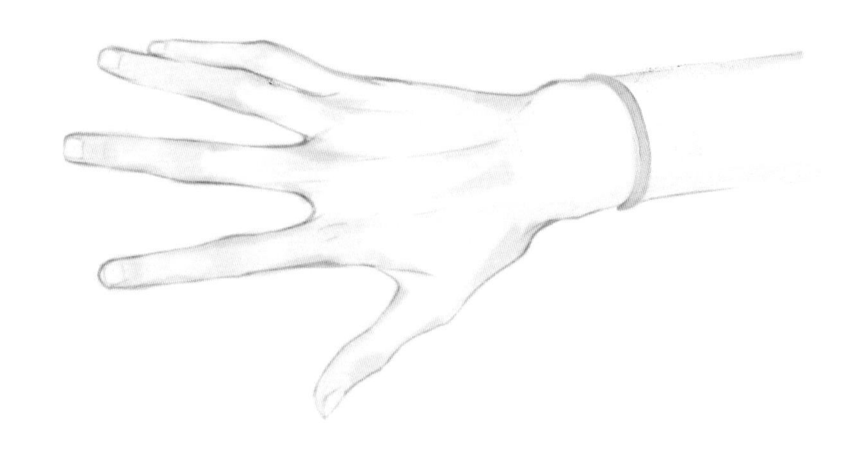

黄 金

黄金首饰可以使冷肤色的人群肤色更加提亮，看起来明艳动人。

但是也请记得，黄金是暗沉肤色的天敌，会使你看起来没有那么充满生机。

白 金

白金通常是万能的搭配，虽然白金首饰的提色效果没有前两者这么明显，但是更能突出清新典雅的整体气质。

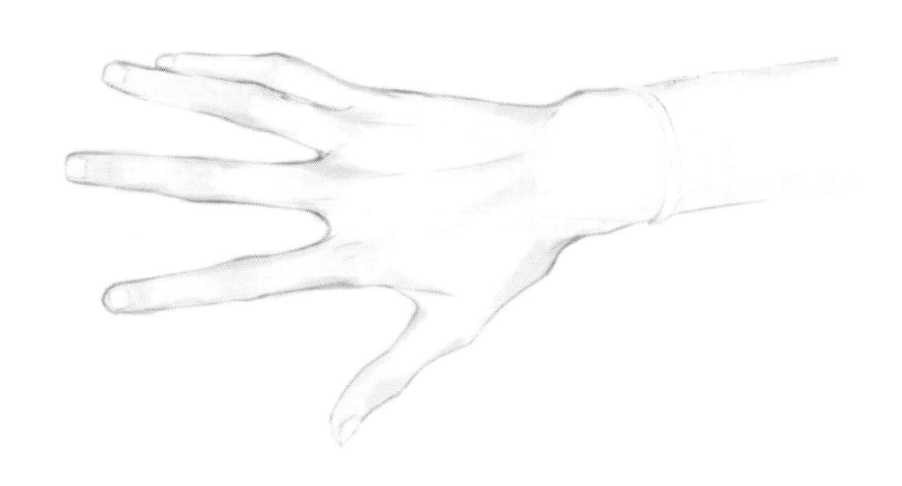

手寸建议

购买戒指时，不知道自己的手寸怎么办？这里有一个非常实用的解决办法。

首先，你需要准备一根细绳和一把尺子。接着，让绳子缠绕你所需要测量的手指周长一圈，并做上记号；然后，将细绳平铺开来，以公分（厘米）为单位，用直尺测量缠绕住你手指的细绳的长度；最后，记录下这个数值，对照戒指手寸对照表即可。

请注意，如果你测量的指圈数值正好位于两个尺寸之间，建议选择偏大的尺寸。

另外，人在不同时间的身体状态是不同的，有时可能会有浮肿等身体因素影响，所以下午或傍晚测量会比清晨测量更准确。

戒指手寸对照表

戒指手寸对照表		
国际美版圈号	周长（mm）	直径（mm）
5号	49.3	15.7
6号	51.8	16.5
7号	54.4	17.3
8号	56.9	18.2
9号	59.5	18.9
10号	62.1	19.8
11号	64.6	20.6
12号	67.2	21.3

宝石首饰保养建议

由于钻石非常坚硬，为避免将其他宝石误伤，建议将钻石首饰单独存放。

尽量不要让宝石接触化妆品、香水，尤其是像珍珠这样的有机宝石，不能与汗液和酸性物质长时间接触。

收藏环境尽量保持阴凉，不可太过干燥。

宝石手链洗澡时尽量不要佩戴。

定期检查首饰项链的牢固程度，珍珠项链建议一到两年重新串一次。

附　录

宝石的硬度参考

矿物	硬度	划痕测试	其他
滑石	1	用指甲可留下划痕	用于制作滑石粉
石膏	2	用指甲可留下划痕	用于制作石膏
方解石	3	用铜币可留下划痕	用于制作水泥
萤石	4	用钉子可留下划痕	用于制作牙膏
磷灰石	5	用钉子可留下划痕	骨头中的矿物质
长石	6	用瓷片可留下划痕	用于制作玻璃
石英	7	用玻璃可留下划痕	用于制作玻璃
黄玉	8	用玻璃可留下划痕	宝石
刚玉	9	用黄玉可留下划痕	红宝石和蓝宝石
金刚石	10	用金刚石可留下划痕	钻石

宝石镶嵌方法

针版镶嵌	Bar Setting	单一宝石之间有金属棒隔开固定。
轨道镶嵌/槽镶	Channel Setting	两条金属边形成轨道式的金属槽，将配石以排式镶嵌其中。
钉镶	Bead Setting	在宝石与宝石之间的金属边缘处以金属钉的方式固定宝石。
包镶	Bezel Setting	以金属底座包围宝石腰部以下的部分。
爪镶	Prong Setting	宝石由长细爪夹持固定，通常为四爪或六爪。
隐形镶嵌	Invisible Setting	饰品表面看不到金属槽或金属爪，宝石之间紧密互相排列。
藏镶	Flush Setting	将宝石镶嵌藏在较厚的金属之下，宝石的亭部通常不外露。
张力镶嵌/壁镶	Tension Setting	用两侧金属臂固定住宝石腰围，底部一般会镂空。

12月生辰石

1月	2月	3月	4月	5月	6月
石榴石	紫水晶	海蓝宝石	钻石	翡翠	月光石
7月	8月	9月	10月	11月	12月
红宝石	橄榄石	蓝宝石	碧玺	黄玉	绿松石

图书在版编目（CIP）数据

解构时尚：首饰搭配法则 / 潘妮著.
—上海：上海三联书店，2022.8
ISBN 978-7-5426-7665-8

Ⅰ.①解… Ⅱ.①潘… Ⅲ.①首饰—搭配 Ⅳ.①TS934.3

中国版本图书馆CIP数据核字（2022）第015064号

解构时尚
——首饰搭配法则

著　　者　潘　妮

责任编辑　钱震华
装帧设计　徐　炜

出版发行　上海三联书店
　　　　　中国上海市漕溪北路331号
印　　刷　上海晨熙印刷有限公司

版　　次　2022年10月第1版
印　　次　2022年10月第1次印刷
开　　本　889×1194　1/32
字　　数　100千字
印　　张　3.625
书　　号　ISBN 978-7-5426-7665-8 / G・1629
定　　价　108.00元